DE LA

CIRCULATION HÉPATIQUE

ET DE LA PRÉTENDUE

CIRCULATION HÉPATICO-RÉNALE

RECHERCHES SUR LES VALVULES RÉNALES

PAR

Le Docteur JACQUEMET

Chef des Travaux anatomiques; Professeur-Agrégé de la Faculté de
médecine de Montpellier; Membre de l'Académie des Sciences et
Lettres de la même ville, etc.

———◦◦◦———

MONTPELLIER

BOEHM & FILS, IMPRIMEURS, PLACE DE L'OBSERVATOIRE

1860

Fig. 1.

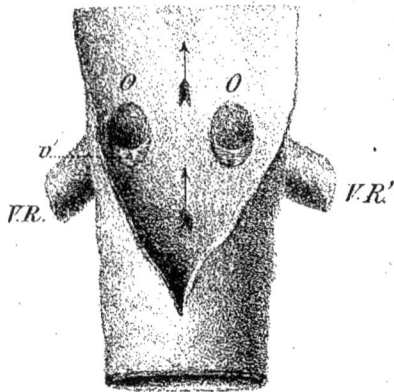

V.R. v' O O V.R'

V.C.

Fig. 3.

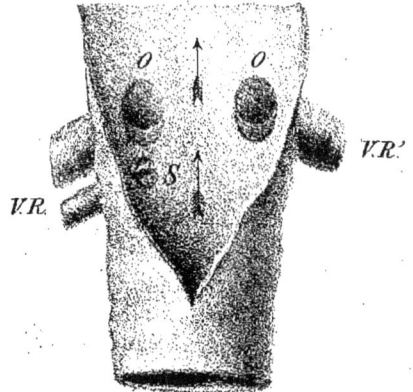

V.R. O S O V.R'

V.C.

Fig. 2.

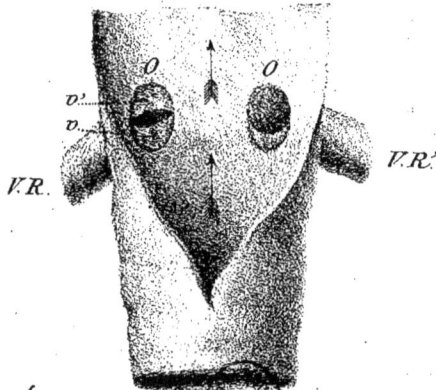

V.R. v' v O O V.R'

Fig. 4.

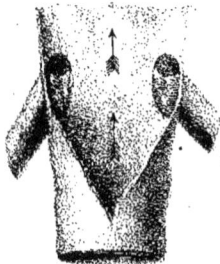

Fig. 5.

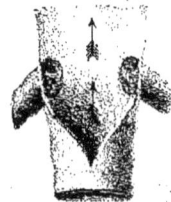

Lith. de Boehm et fils, Montp.ᵇⁱʳ

EXPLICATION DES FIGURES.

Fig. *1*. — Homme. — Disposition normale de la veine-cave ascendante, au niveau des veines rénales.— Courant normal dans le sens des flèches.

> VC — Veine-cave.
>
> VR — Veine rénale droite.
>
> V'R' — Veine rénale gauche.
>
> O — Orifice d'une veine rénale.
>
> v — Valvule inférieure de l'embouchure veineuse.
>
> v' — Valvule supérieure,   *id.*
>
> S — Orifice muni d'une double valvule.

Les lettres sont communes aux trois premières figures.

Fig. *2*. — Deux valvules, v et v' en O, à droite.

Fig. *3*. — Veine rénale accessoire.— Son orifice S muni d'une double valvule.

Fig. *4*. — Mouton. — Portion de veine-cave, au niveau des veines rénales.— Disposition normale de la valvule.

Fig. *5*. — Chien. — Même portion de veine-cave.

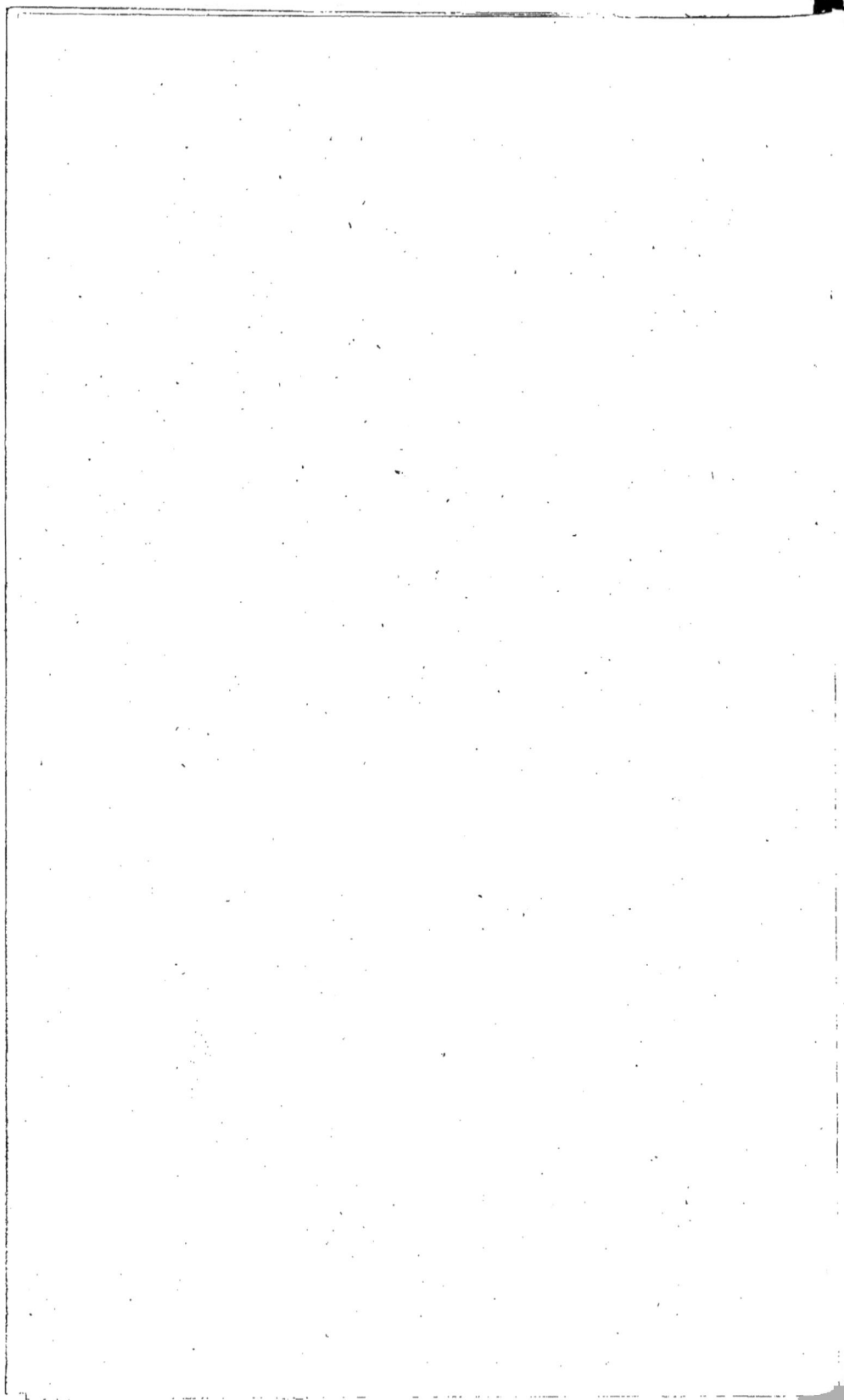

DE LA

CIRCULATION HÉPATIQUE

ET DE LA PRÉTENDUE

CIRCULATION HÉPATICO-RÉNALE [1]

———✥———

De tout temps, et surtout depuis les observations plus rigoureuses de la physiologie expérimentale, on a été frappé de la rapidité avec laquelle certaines substances introduites dans le tube digestif, sont rejetées par les voies urinaires. Le cyanure de potassium, par exemple, apparaît dans l'urine dix minutes après son ingestion stomacale. On a même constaté, au bout d'une seule minute, sa présence

---

[1] Cet article est extrait d'un Travail qui sera incessamment publié sous le titre de : MONOGRAPHIE DU FOIE. *Anatomie, physiologie et pathologie de l'appareil hépatique chez l'homme et chez les animaux.*

dans ce liquide, alors que ni le sang de la veine jugulaire, ni même celui de l'artère rénale, n'en offraient aucune trace immédiatement ni vingt-cinq minutes après.

Mettant à profit quelques cas d'extroversion de la vessie, occasion favorable et toute préparée par la nature pour ce genre d'expérimentations, MM. Westrumb, Stehberger, Erichsen et autres, avaient noté, pour une foule de substances facilement reconnaissables, la promptitude de leur apparition à la surface de la membrane muqueuse, d'où l'urine s'écoule goutte à goutte, aussitôt qu'elle est sécrétée.

D'autre part, Dœring [1], ayant injecté du cyanure de potassium par le bout cardiaque de la veine jugulaire, n'en avait pu recueillir par l'autre bout que trente minutes après.

De son côté, M. Cl. Bernard, recherchant si le rein éliminait toute espèce de substances, avait retrouvé le cyanure de potassium au bout de quelques minutes dans l'urine et, chose surprenante ! seul le sang de la veine rénale en contenait. Dans aucun autre vaisseau on n'en découvrit la moindre dose. Ce sel avait été ingéré en petite quantité dans l'estomac, l'animal étant en pleine digestion.

[1] *Union méd.*, art. signé F. D., 19 et 24 septembre 1850.

En présence de faits si singuliers et quelque peu con-
tradictoires pour quiconque aurait négligé de s'enquérir
de leurs conditions étiologiques, les physiologistes seraient
restés embarrassés, si l'imagination humaine n'avait pas
son explication séduisante pour chacune des énigmes de
la nature.

Les uns soupçonnèrent des voies occultes, des vaisseaux inconnus, faisant communiquer directement l'estomac avec les reins. Il leur paraissait impossible qu'une
substance soumise à l'absorption intestinale, et retrou-
vée quelques secondes après dans l'urine, y fût parvenue
par les voies ordinaires de la circulation générale. Il lui
fallait, en effet, avoir parcouru, en ce court espace de
temps, le trajet représenté par les veines mésaraïques,
la veine-porte et ses ramifications capillaires dans le foie,
les veines sus-hépatiques, la veine-cave ascendante,
le cœur droit, l'artère pulmonaire, les capillaires du
poumon, les veines pulmonaires, le cœur gauche, l'aorte,
l'artère du rein, ses capillaires, enfin, avant d'arriver dans
l'appareil excréteur de cette glande.

L'observation pathologique avait appris, en outre,
que par le fait de certaines maladies du rein, des éléments
de l'urine pouvaient passer dans les voies digestives et y
provoquer des désordres considérables.

D'autres auteurs, soit instinct, soit calcul, se tinrent

en garde contre l'hypothèse précédente , et , admettant avec Héring , que le temps d'une révolution sanguine est en moyenne de trente secondes , pensèrent naturellement, sans en avoir la raison démonstrative , que la très-grande vitesse de la circulation générale suffisait pour rendre possible et explicable le passage si rapide de certaines substances dans l'urine.

Tiedemann et Gmelin étaient restés dans l'indécision. Enfin, quand M. Cl. Bernard se trouva en face de cette difficulté physiologique , il crut un instant l'avoir à tout jamais résolue par sa théorie ingénieuse, mais ingénieuse seulement, de la *Circulation Hépatico-Rénale*. Cette fragile opinion, que j'ai vue naître en 1850, au cours du Collége de France, a encore des partisans, parmi lesquels on peut compter M. Littré[1] et MM. Béraud et Ch. Robin[2], etc. De ces savants et laborieux écrivains lui est venu , sans contredit , son plus grand développement. Car, je dois à la vérité de dire que l'inventeur même y a renoncé et qu'elle n'a été qu'une illusion passagère dans son esprit, habituellement si positif. Aussi la laisserais-je dans l'oubli qui commence pour elle , si nous ne lui devions en

[1] Voir la NOTE ADDITIONNELLE du *Traité de physiologie* de Müller, tom. I, pag. 792, dernière édition.

[2] *Éléments de physiologie*, etc., par M. B. Béraud , revus par M. Ch. Robin, 2e édit., tom. II, pag. 150 et suiv. ; 1857.

réalité quelques notions précieuses sur l'appareil vasculaire du foie, et si récemment M. Mac–Donnell, professeur
de physiologie à Dublin [1], n'avait formulé contre cette
théorie des arguments anatomiques et physiologiques que
l'anatomie et la physiologie hésiteront à légitimer, du
moins si je m'en rapporte à mes recherches personnelles.
Son histoire nous offre plus d'un enseignement ; je ne
regarde donc pas comme inutile d'en retracer les prin-
cipaux traits que j'accompagnerai de mes réflexions.

Et d'abord, jetons un coup d'œil sur la circulation
hépatique, dont le prétendu mécanisme se mettait si
merveilleusement au service de celle qu'on a supposée
exister entre le foie et le rein, par l'intermédiaire de la
veine-cave inférieure, au moment de la digestion. La
circulation hépatique, qui s'opère sans cœur et sans
valvules, serait presque impossible sans le concours de
plusieurs causes puissantes.

Je signale en premier lieu la pression abdominale sur
la glande biliaire.

En même temps qu'il subit les oscillations provenant
alternativement du diaphragme et des autres muscles ab-
dominaux, le foie est comprimé de toutes parts, sous

---

[1] *Journal de la physiologie de l'homme et des animaux*, du doc-
teur Brown-Séquard, tom. II, n° 6, pag. 300 et suiv.

l'effort des parois contractiles du ventre. Cette pression, appréciable au manomètre, venant à cesser tout à coup à la suite de quelque large éventration, l'état normal de la circulation hépatique est aussitôt troublé et le sang porte rétrograde de la profondeur du foie vers l'intestin. C'est ce qui explique comment certains vivisecteurs inexpérimentés, s'occupant de la glycogénie hépatique, ont trouvé du sucre dans la veine-porte et dans les veines mésaraïques d'animaux exclusivement nourris de viande ; c'est ce qui explique peut-être encore la syncope qu'éprouvent les hydropiques après une évacuation très-considérable par le trocart de la paracentèse.

A la pression des parois et des viscères de l'abdomen, se joint l'aspiration du thorax sur le sang des veines sus-hépatiques.

Elle s'exerce sur les troncs veineux qui avoisinent la poitrine, et que des adhérences aponévrotiques tiennent normalement béantes à leur passage dans les parois thoraciques. Cette action aspiratrice, les veines sus-hépatiques la ressentent également, leurs larges embouchures dans la veine-cave ascendante étant très-rapprochées du trou carré du diaphragme.

Quelque efficaces que soient ces deux causes, elles ont été regardées comme insuffisantes pour régulariser la circulation du système veineux abdominal, parcouru à chaque instant par des quantités variables de liquide. Pendant l'asbtinence, le sang des veines mésaraïques passe facilement dans le foie. Mais pendant la digestion, ce passage se complique. Les fluides, parfois très-abondants, qu'absorbe avec rapidité la surface intestinale, grossissent considérablement le courant mésaraïque; la veine-porte en fait la distribution dans tout le foie, celui-ci devient turgide; chaque jour, dit-on, il s'engorgerait outre mesure et ses fonctions seraient en souffrance, si des conditions exceptionnelles, particulièrement développées dans le système veineux du viscère, ne favorisaient le jeu de cette *circulation de circonstance*. Il s'agit ici de la disposition organique de la veine-porte dans la substance glandulaire, et de ses prétendues communications directes avec la veine-cave ascendante.

On sait que la capsule de Glisson, en s'enfonçant dans le tissu du foie, envoie des prolongements canalisés qui renferment, sous la même enveloppe, les ramifications de la veine-porte, les branches artérielles, des lymphatiques, des filets nerveux et les conduits biliaires. Par leur face externe, les gaines glissonniennes adhèrent fortement au tissu hépatique, tandis qu'à leur intérieur elles laissent aux branches de la veine-porte une certaine liberté de resserrement et de dilatation. Cette disposition facilite déjà l'arrivée et l'accumulation d'une grande quantité de sang dans la portion hépatique de la veine-porte : une hydrotomie modérée peut faire entrer près d'un litre d'eau dans un foie d'homme. En même temps que le viscère se désemplit, les branches de la veine-porte reviennent sur elles-mêmes, chassant dans l'épaisseur de la glande le liquide qui les parcourt.

Je n'admets pas cependant que la veine-porte, ni la capsule de Glisson, aient des battements analogues aux pulsations artérielles, pas plus que le sinus-porte ne fait l'office d'un cœur contractile. Les battements[1] qu'on a pu sentir dans les gaînes de Glisson proviennent des artères qui y sont logées.

Quant aux veines sus-hépatiques, leur organisation est toute autre. Leurs parois font corps avec la sübstance glandulaire ; elles s'y unissent intimement, ce qui fait qu'à la coupe du parenchyme, leur ouverture reste béante et arrondie, tandis que les branches-portes sont rétractées et affaissées sur elles-mêmes. Les veines sus-hépatiques, peu sinueuses, sont éminemment musculaires ; la tunique contractile est formée de fibres lisses et dis-

---

[1] Voyez M. Cl. Bernard ; *Leçons de physiologie expérimentale*, etc., tom. I, pag. 176 ; 1854-1855.

posées longitudinalement, qui, en se raccourcissant, ten-
dent à tasser le foie et à l'exprimer à la manière d'une
éponge. Ces veines sont donc heureusement organisées
pour seconder l'action aspiratrice du thorax sur leur sang,
et pour faciliter le dégorgement du foie.

Ce ne serait pas tout, à en croire certains auteurs.
Pour remédier aux inconvénients d'une trop grande plénitude, la prévoyante nature a mis au service du foie des
voies directes de décharge, qui conduisent le sang, à
plein canal, les unes de la veine-porte dans la veine-
cave, les autres de la veine-porte aux veines sus-hépatiques, sans le faire passer par les réseaux capillaires de
la glande. En admettant cette double hypothèse, nous
aurions donc, pour faire parvenir, à travers le foie, le
sang de la veine-porte dans le torrent de la circulation
générale, trois routes différentes, à savoir :

1° Les capillaires intermédiaires à la veine-porte et
aux veines hépatiques ;

2° Des anastomoses plus fortement calibrées entre ces
deux ordres de veines ;

3° Enfin, de larges et directes communications entre
la veine-porte et la veine-cave.

La destination et les usages de ce troisième ordre de
canaux de transmission ne seraient pas difficiles à trouver;
mais il n'en est point de même de leur démonstration ana-

tomique. On s'est cru dispensé de les voir avec les yeux du corps, tellement ils étaient désirés et crus indispensables pour le plus grand bien du foie et d'une ingénieuse théorie. Voyons ce qu'il y a de certain à leur égard.

Absentes du foie humain, problématiques chez la plupart des espèces animales, elles ne sont réelles et démontrées que dans le cheval. M. Cl. Bernard, le premier, les y a signalées, et a ajouté la preuve matérielle aux inductions théoriques. Je les ai vues, à plusieurs reprises, soit sur des foies de cheval préparés dans le laboratoire du Collége de France, soit sur des foies du même animal que j'ai pu étudier à Montpellier. L'insufflation, les injections, la dissection en confirment l'existence.

Ce sont des branches *sous-hépatiques* qui se détachent de la veine-porte immédiatement après sa pénétration dans le viscère, et qui vont, en se ramifiant, déboucher par d'étroits orifices dans la veine-cave, au niveau où celle-ci commence à se creuser son sillon vers le bord postérieur du foie. J'ai cru en apercevoir quelques traces chez le lapin ; mais, chez l'homme, jamais il ne m'a été donné d'en trouver. M. Sappey affirme n'avoir pas été plus heureux.

Admises et rejetées tour à tour, aux diverses époques de l'histoire, Haller les a dédaigneusement traitées, en disant : « Nous pouvons très-bien nous passer de ces ennuyeuses disputes des anciens sur les anastomoses directes de la veine–porte avec la veine-cave [1]. »

A priori cependant, nous ne voyons point pourquoi ces anastomoses ne seraient pas également possibles chez d'autres animaux que le cheval? Qu'est le canal veineux ou d'Arantius, sinon une large communication entre deux gros troncs veineux de la base du foie? Quoi de plus commun que de rencontrer dans la série animale, — poissons, reptiles, — des canaux qui portent directement dans la veine-cave une partie du sang chargé des liquides de l'absorption intestinale? Enfin, n'a-t-on pas cité plusieurs exemples attestant que des hommes ont vécu assez long-temps en bonne santé, quoique la veine–porte se jetât directement et tout entière dans la veine–cave, sans passer par le foie? Du temps de Galien, ces raisonnements auraient suffi à la conviction des physiologistes, ils ont même suffi à celle de quelques contemporains; mais pour nous ils sont sans valeur devant l'évidence du fait. Or, le fait est que, dans l'appareil hépatique de l'homme, ces canaux de grande communication n'existent pas.

Tout le sang veineux qui entre dans le foie, n'en sort-il que par l'inextricable filière des capillaires hépa-

[1] *Comment.*, tom. III, pag. 146, n° 1.

tiques? La question, souvent renouvelée depuis Galien, doit être, en définitive, résolue affirmativement pour le foie humain. Galien, Diemerbroeck, Spigel, T. Bartholin, et une foule d'auteurs, ont admis et figuré des anastomoses, des inosculations faisant communiquer directement la veine-porte avec les veines sus-hépatiques.

Bertin[1] surtout s'en est fait le réinventeur. Les branches qu'il se complaît à décrire sur le foie du fœtus et de l'homme adulte, seraient constantes et au nombre de cinq ou six; il en soupçonne une plus grande quantité. Celles qu'il a reconnues avaient une ligne de diamètre, un trajet rectiligne, ou une disposition en arcades, et allaient d'une branche moyenne de la veine ombilicale ou de la veine-porte à une racine moyenne d'une veine sus-hépatique. Chez le fœtus, elles seraient des canaux subsidiaires du canal d'Arantius, et chez l'adulte, des routes destinées à prévenir les obstructions et les embarras que suscitent au foie la lenteur et la difficulté du passage du sang-porte à travers la substance glandulaire. Elles se dilateraient facilement sous l'effet des fluides qui s'y précipitent.

Enfin, Bertin croit les mettre sous la protection des

[1] *Mémoires de l'Académie royale des sciences*, année 1765, pag. 35 et suiv.

savants, et en rehausser l'utilité en disant[1] : « Si les
communications que je découvre aujourd'hui sont conso-
lantes pour tous les hommes, elles le sont en particulier
pour les hommes de lettres.... » ; les hommes de lettres
et tous ceux que leur profession condamne à une immo-
bilité prolongée et à des attitudes accroupies qui ne
comportent pas, de la part des muscles de la respiration,
une sollicitation active et répétée sur les viscères abdo-
minaux. Eh bien ! j'ai regret de dissiper encore cette
douce illusion : les anastomoses du calibre indiqué par
Bertin dans le foie de l'homme, n'ont pu être retrouvées.
L'anatomie actuelle en a fait son deuil ; il faut donc nous
en passer.

Aujourd'hui il est avéré, de par le scalpel et le micros-
cope, que chez l'homme le sang de la veine-porte n'a
pas, pour arriver dans les veines sus-hépatiques, d'autres routes que les réseaux capillaires sanguins qui circonscrivent ou traversent les lobules du foie, ce qui
constitue pour cet organe, comme pour toutes les glandes,
deux ordres de réseaux capillaires, et conséquemment
deux circulations différentes : l'une considérée comme
mécanique, qui s'accomplit avec la rapidité de la circu-

2

lation générale ; l'autre appelée *chimique*, beaucoup plus lente, pour l'élaboration que la cellule glandulaire fait subir au fluide sanguin.

D'après les écrivains les plus autorisés, en ce qui concerne l'histologie et la physiologie du foie, M. Lionel Beale et M. Cl. Bernard, voici l'exposé sommaire de l'organisation de cette glande, au point de vue qui nous occupe :

Quand on fait l'anatomie du foie, on trouve un tissu propre, essentiellement composé de cellules glandulaires, qui se groupent en milliers d'*îlots*, ou *lobules* [1], auxquels viennent se rallier tous les éléments de la glande. Du centre de chaque lobule part la veine sus-hépatique. Autour du lobule arrivent les ramifications ultimes de la veine-porte, des conduits biliaires et de l'artère hépatique. Chaque lobule est donc enserré dans un réseau complexe, bilioso-sanguin. Pour parvenir dans les radicules de la veine hépatique, le sang-porte doit circuler à travers toute la série des cellules intermédiaires, et dans ce trajet sinueux il est en contact presque immé-

---

[1] Le foie de l'homme se compose de plus d'un million de lobules, offrant à peu près tous le même diamètre, quand l'intérieur de la glande a été suffisamment lavé. Dans le foie de l'homme, le lobule est très-petit, on lui accorde un millimètre de diamètre ; il est de deux millimètres chez le cochon, où il atteint sa plus grande étendue.

diat avec les cellules glandulaires ; il n'en est séparé que par des parois vasculaires très-minces, peu distinctes et ne circonscrivant que des lacunes vasculaires. C'est là que s'accomplissent les phénomènes appelés *chimiques*, et les métamorphoses génératrices de la matière glycogène et des autres produits qui s'élaborent dans le foie aux dépens des principes du sang.

Tels sont les courants chimiques ou *intralobulaires*. Mais à côté de cette circulation très-lente, il s'en fait une autre ayant un siége et des résultats différents. On voit des rameaux de la veine-porte qui, au lieu de s'enfoncer dans le lobule hépatique, le circonscrivent et viennent s'anastomoser par un réseau capillaire avec les veines sus-hépatiques. Ce réseau sert aux courants mécaniques ou *interlobulaires*.

C'est là une voie collatérale par laquelle une partie du sang de la veine-porte s'échappe directement, n'ayant point traversé l'épaisseur des lobules glanduleux, et arrive sans détour, mais aussi sans modification chimico-physiologique, dans la grande circulation.

Or, ce système accessoire, qui est très-peu visible chez l'homme, acquiert son summun de développement chez le cheval et chez certains animaux coureurs ; en sorte qu'on peut admettre qu'au moyen de ces communications élargies, le sang coule aisément de la veine-porte dans les veines hépatiques, et par elles dans la veine-cave ascendante.

Quand on injecte un foie de cadavre humain par la veine-porte, on est étonné de la facilité et de la vitesse avec lesquelles l'eau passe dans les veines sus-hépatiques. L'expérience, il est vrai, ne se fait le plus souvent que sur des foies peu frais et déjà altérés. J'ai pu constater que, sur le foie des suppliciés, l'écoulement est sensiblement moins rapide.

L'utilité de cette voie collatérale est facile à saisir. On sait que sous l'influence d'un mouvement violent, surtout après les repas, la circulation abdominale est très-accélérée ; le sang parcourt plus vite et plus souvent, dans un temps donné, le système vasculaire. Si ces communications accessoires ne sont pas suffisantes, il en résulte, pour le foie, un engouement momentané ; c'est ce qui a lieu chez l'homme et chez certains animaux non habitués à la course : sous l'influence d'une marche rapide, le sang, gorgeant le système vasculaire du foie, stagne et reflue dans la veine-porte et dans la rate, d'où le *point de côté*, suivant les auteurs.

En résumé, chez l'homme, toutes les branches de la veine-porte ne communiquent avec les branches des veines sus-hépatiques que par des réseaux capillaires ; ces réseaux

de deux ordres sont le siége de deux circulations différentes : l'une dite *chimique*, l'autre appelée *mécanique ;*
celle-ci permet, en certains moments, à une partie du
sang d'échapper aux transformations que lui imposerait
un contact plus prolongé avec l'élément glandulaire. Mais
les grandes inosculations de Bertin, entre la veine-porte
et les veines hépatiques, n'existent pas plus que les troncs
communiquants, supposés par une foule de physiologistes
actuels, entre la veine-porte et la veine-cave.

Les données positives que nous venons d'établir sur
la réelle et exacte disposition du système veineux dans
le foie, et sur les vrais modes de la circulation qui s'y
accomplit, serviront de point de départ à nos objections
contre la prétendue circulation hépatico-rénale.

Rappelons sommairement comment est née cette théorie, et en quoi consiste l'hypothétique fonction qu'elle a
instituée.

Le physiologiste le plus éminent de notre époque
recherchait si le rein peut éliminer toutes les substances
que l'absorption introduit dans le sang. Il expérimentait
dans ce but le cyanure de potassium. Ce sel apparut, dans
l'urine d'un chien, dix minutes après l'ingestion stomacale. L'animal ayant été rapidement tué, M. Cl. Bernard

recueillit séparément le sang de l'artère rénale et celui de la veine rénale. Il s'attendait à trouver le cyanure dans le sang artériel et non dans le veineux ; ce fut précisément le contraire qui arriva.

Cet étonnant résultat provoqua de nouvelles expériences qui firent encore retrouver le cyanure dans la veine, si l'animal était en pleine digestion, et dans l'artère, s'il était à jeun. La seule condition qui paraissait établir cette différence se rapportait à l'état de plénitude ou de vacuité du tube digestif.

Pour arrivèr à se rendre compte plus rigoureusement du phénomène, on suivit le cyanure de potassium dans son trajet de l'estomac au rein, sur des animaux en pleine digestion. Constamment il se montra dans le sang qui va des intestins au foie, c'est-à-dire dans le système-porte; tandis qu'il parut toujours faire défaut dans le système veineux général. *Il fallait donc admettre que pendant la digestion, il s'établissait dans la veine-cave une circulation différente de celle qui a lieu pendant l'abstinence.*

C'est pour venir au secours d'une déduction pareille, qu'on fit appel aux témoignages de l'anatomie, de la physiologie et de la pathologie.

L'anatomie, consultée de nouveau et fouillée plus à fond, fit voir : 1° chez le cheval, ou seulement chez certains chevaux, des communications directes entre la veine-porte et la veine-cave. — Nous savons qu'elles n'existent pas chez l'homme, et qu'elles ne sont pas toujours très-perméables chez le cheval.

2° Un épaississement des parois de la veine-cave à son passage vers le bord postérieur du foie, et une structure assez énergiquement musculaire pour faire l'office d'un cœur, d'une poche contractile, à aspect réticulé, et devant produire des mouvements rhythmiques, pour se débarrasser de son sang, à l'instar d'une oreillette cardiaque. — On a évidemment exagéré l'épaisseur et le rôle de cette couche charnue appartenant à la veine-cave, dans sa portion hépatique ; sur le cheval seulement, cette organisation musculaire est assez prononcée. Quant aux yeux et aux doigts qui ont perçu, à ce niveau, des battements manifestes, on peut se défendre de croire qu'ils se sont mis à l'abri de toute illusion.

3° Un appareil valvulaire pour servir le jeu du prétendu cœur de la veine-cave. — A l'orifice de la veine rénale, se trouvent une ou deux valvules qui, au moment du prétendu courant rétrograde de la veine-cave, s'opposeraient, en s'étalant, au reflux du sang dans la portion sous-rénale de la veine-cave, et en favoriseraient, au contraire, l'entrée dans la veine émulgente, pour concourir à la formation de l'urine. C'est ainsi, par cet artifice de circulation hépatico-rénale et ce jeu valvulaire, que le rein serait congénère du foie dans le travail si essentiel de purification que doit subir le sang, au contact d'un élément glandulaire, avant de se mêler au torrent de la circulation générale.

Il existe, en effet, sur un certain nombre d'espèces animales, des valvules ou des replis membraneux à l'embouchure des veines rénales; mais on ne s'accorde ni sur leur disposition ni sur leur rôle. A Paris, on les fait s'abaisser devant le courant rétrograde et en faciliter l'entrée dans la veine du rein; à Dublin, au contraire, ce sont des obstacles à la régurgitation hépatico-rénale.

A mon tour, je les ai poursuivies de mes investigations, chez le cheval, le mouton, le chien, le lapin, l'homme, et voici le résultat de mes observations et de mes expériences :

Sur six chevaux, les valvules rénales ont été constantes; elles sont disposées par paires, à chaque orifice : l'une au-dessous, c'est la plus grande et la plus rapprochée de la veine-cave; l'autre au-dessus, plus étroite et plus enfoncée dans la veine rénale. Ces deux valvules, lorsqu'elles sont étalées et tendues, se croisent, jouent l'une sur l'autre, ferment l'orifice veineux comme par une double paupière, et s'opposent au passage du sang de la veine-cave dans la veine rénale, n'importe le sens du courant sanguin de la veine-cave, qu'il soit ascendant ou rétrograde [1].

En cela, je suis de l'avis de M. Mac–Donnell. Avec cette double barrière valvulaire — la circulation hépatico-rénale est impossible chez le cheval ; mais pour le mouton, le chien, le lapin et l'homme, mes observations personnelles ne s'accordent nullement avec celles du physiologiste irlandais, qui admet partout deux valvules défendant, par une occlusion plus ou moins complète, l'entrée de la veine rénale. — Voici ce que j'ai constaté :

Sur le mouton, l'orifice veineux n'offre qu'une valvule, très–délicate, et très–apte à voiler l'embouchure de la veine du rein, quand le courant sanguin de la veine-cave se dirige vers le cœur. (Voir la *fig.* 4 de la Planche.) Mais si le courant venait à être rétrograde, elle favoriserait assurément le reflux du sang vers le rein, loin de l'entraver. Des injections convenablement faites démontrent cette différence de l'effet valvulaire, suivant le sens qu'on donne au courant de l'injection. Si l'on injecte la veine-cave en poussant d'arrière en avant, c'est-à-dire dans le sens ordinaire du cours du sang, la matière à

---

[1] Ces valvules sont remarquables par leur étendue et leur résistance, ce qui paraît être en rapport avec le gros calibre des embouchures veineuses.

injection ne pénétrera pas dans la veine du rein. Si , au contraire , on injecte la veine-cave d'avant en arrière , c'est-à-dire du cœur vers le rein , la matière s'engagera facilement dans la veine rénale.

Sur douzé moutons de l'abattoir, cette valvule , constante de chaque côté et un peu plus développée à droite qu'à gauche , m'a toujours offert la même disposition fondamentale. Chez les agneaux, la différence n'est pas notable.

Sur le lapin , la valvule rénale est unique ; elle est organisée et disposée de façon à ne jouer qu'incomplètement le rôle de celle du mouton ; elle n'impose pas aux injections une différence de résultats, quelle que soit la direction qu'on donne au courant de matière coagulable. Qu'on injecte la veine-cave par un bout ou par un autre, la valvule rénale n'empêche pas le rein de s'injecter.

Le chien la présente à un état plus rudimentaire encore. (Voir la *fig.* 5 de la Planche.) Son jeu produit à peu près le même effet que chez le lapin , c'est-à-dire qu'elle ne défend qu'incomplètement l'orifice de la veine rénale contre le courant direct de la veine-cave, et qu'elle ne le défend pas du tout contre le courant rétrograde.

Enfin, chez l'homme (voir *Fig.* 1) elle n'existe double

et complète que très-exceptionnellement. Je l'ai recherchée sur 34 cadavres, c'est-à-dire sur 68 veines rénales.

Une seule fois je l'ai trouvée double et apte à clore hermétiquement l'embouchure veineuse. (Voir *fig.* 2.)

Sur un autre sujet, j'ai vu une veine rénale accessoire qui était munie de cet appareil valvulaire, tandis que la veine principale située au-dessus n'en présentait pas. (Voir *fig.* 3 de la Planche.)

Chez l'homme, ce que l'on peut regarder comme une valvule rénale n'est le plus souvent qu'un simple éperon aminci, un prolongement formé par l'adossement des parois vasculaires, à l'angle inférieur de réunion des deux troncs veineux. Cette valvule est toujours plus développée à droite qu'à gauche, parce qu'à droite les deux veines se rencontrent sous un angle plus aigu. Mais à droite comme à gauche, elle ne défend la veine rénale ni contre le reflux ni contre le courant direct du sang de la veine-cave.

Ce n'est donc pas par un mécanisme valvulaire que le rein se trouve protégé contre cette double invasion, ainsi que le prétend M. Mac-Donnell. Le courant normal du sang de la veine-cave n'a aucune tendance à se dévier dans la veine rénale, et voilà tout.

Quand, par suite de quelque embarras fonctionnel du cœur ou par toute autre cause accidentelle, le sang veineux stagne et même reflue de proche en proche dans les gros troncs, eh bien! alors le sang de la veine-cave inférieure peut s'introduire dans la veine rénale, ou, soyons plus exact, la veine rénale et le rein s'engorgent, parce que le sang veineux de cet organe ne trouve plus facilement à se déverser dans un réservoir déjà trop plein, qui est la veine-cave.

Aussi, resté-je insensible aux alarmes de M. Mac-Donnell, qui regarde l'absence ou l'insuffisance de ces valvules rénales comme exposant inévitablement le rein à des congestions fréquentes, à des maladies chroniques. Présentes ou absentes, normales ou incomplètes, le physiologiste comme le médecin n'ont rien à attendre de la part de ces valvules. Inutiles chez l'homme quand le système veineux fonctionne régulièrement, elles seraient plus inutiles encore dans les cas pathologiques pour empêcher la congestion rénale; car alors le rein s'engorge de lui-même, continuant à recevoir du sang artériel et ne pouvant qu'imparfaitement se débarrasser de son sang veineux.

De même, pour le foie, je n'ai jamais trouvé à l'embouchure des veines hépatiques dans la veine-cave, des valvules efficaces, et disposées pour défendre le foie contre le reflux du sang de la veine-cave, reflux que le voisinage du cœur rend inévitable dans plusieurs circonstances.

La physiologie n'est pas plus heureuse que l'anatomie à fournir des preuves péremptoires en faveur de la circulation hépatico-rénale. Je crois actuellement inutile de discuter avec détail des faits qui ont été mal interprétés dans les premières expériences.

1° On n'a pas trouvé de cyanure de potassium dans le sang de l'artère rénale ni dans celui de la veine jugulaire. — Pourquoi ? Parce que la dose de cyanure confiée à l'estomac de l'animal était très-petite, trop petite pour qu'un échantillon de sang de la circulation générale en contînt suffisamment, et le laissât se manifester par le réactif ferrique. Pour le déceler, il faut, dans ce cas, opérer par une réaction lente et sur de plus grandes masses de sang. — Si la solution de cyanure est chargée, l'animal meurt assez rapidement, quand bien même on a eu soin de neutraliser l'acidité du suc gastrique, en ingérant du carbonate de soude avec le cyanure.

2° On a trouvé, au contraire, du cyanure dans le sang de la veine rénale, comme dans les veines mésaraïques, le système veineux du foie et la veine-cave inférieure. — Pourquoi ? Parce qu'après l'éventration de l'animal et le trouble immédiat de la circulation veineuse abdominale, le sang chargé du sel potassique a reflué de la veine-cave dans la veine rénale, et le cyanure, relativement considérable par rapport à la quantité de sang, s'est faci-

lement révélé. L'influence de ce reflux nous est expéri-
mentalement démontrée.

Quant aux autres expériences, on s'est rendu compte
depuis quelque temps de l'étrangeté de leurs résultats, et
on ne peut plus les invoquer en faveur de la circulation
hépatico-rénale. Ainsi, par exemple, on avait vu que du
lactate de fer mis sous la peau de la nuque ou du dos
bleuit en quelques instants, quand on injecte du cyanure
de potassium sous la peau de la cuisse, tandis qu'il ne
change pas de couleur quand le cyanure est administré
par l'estomac. C'est que, dans ce dernier cas, la plus
grande partie du cyanure est éliminée par les urines. On
connaît parfaitement aujourd'hui le *pouvoir électif* que
possède le rein d'agir sur cette substance pour l'éliminer
du sang ; en conséquence, on la trouve concentrée dans
les urines, où elle est accumulée, tandis que dans une
petite portion du sang elle est en trop faible quantité pour
pouvoir être constatée. On retrouve également le cyanure
de potassium dans les urines, quand on l'a fait absorber
par le tissu lamineux sous-cutané.

De nouvelles recherches ont fait reconnaître à
M. Cl. Bernard[1] que le cyanure, soit qu'on l'eût déposé

---

[1] *Leçons sur les propriétés physiologiques*, etc., *des liquides de l'organisme*, 1859, tom. I, pag. 13.

dans le tissu cellulaire, soit qu'on l'eût ingéré dans l'estomac, est absorbé par les voies ordinaires et circule dans le sang. D'après ces indications, j'ai injecté du cyanure de potassium dans l'estomac d'un lapin à qui j'avais glissé préalablement du lactate de fer sous la peau de la nuque. Cette dernière partie n'a pas tardé à bleuir; et cependant, avec le sang de la veine jugulaire que j'avais extrait, il m'a été impossible d'obtenir la réaction caractéristique du cyanure de potassium.

Enfin, et comme dernier argument physiologique contre la circulation stomaco ou hépatico-rénale, si l'on pose une ligature sur l'artère d'un rein, on ne retrouve plus dans les derniers restes d'urine qui s'écoulent encore de cette glande, les substances introduites dans l'estomac [1].

Ce n'est donc point parce que le système veineux digestif ou hépatique enverrait directement au filtre urinaire la plus grande partie des médicaments confiés à l'absorption intestinale, qu'il faut préférer la méthode endermique à l'administration par les premières voies.

---

[1] Les choses n'ont lieu ainsi que chez les mammifères et chez quelques oiseaux qui ne possèdent pas le système veineux de Jacobson. On sait que chez les poissons, les reptiles, et certaines espèces d'oiseaux, le système mésaraïque envoie directement des branches veineuses au rein; en sorte qu'ils ont une *veine-porte rénale* en même temps qu'une *veine-porte hépatique*.

L'absorption sous-cutanée, plus active, plus énergique et plus fidèle, doit sa supériorité thérapeutique à d'autres conditions trop connues pour que je les rappelle en cette occasion.

En n'ayant égard qu'à l'homme et aux applications médicales, les deux principales conclusions de ce travail sont :

1° Le sang qui arrive par la veine-porte ne sort du foie que par les vaisseaux capillaires de la glande, et nullement par des anastomoses ou des inosculations qui feraient communiquer directement la veine-porte avec les veines sus-hépatiques ou avec la veine-cave ;

2° La circulation hépatico-rénale est une hypothèse gratuite, qui ne tient plus devant les démonstrations expérimentales de l'anatomie et de la physiologie ; le sang de la veine rénale ne fournit pas les matériaux de l'excrétion urinaire.

FIN.

www.ingramcontent.com/pod-product-compliance
Lightning Source LLC
Chambersburg PA
CBHW071438200326
41520CB00014B/3740